AF062584

Printed by Libri Plureos GmbH in Hamburg,
Germany

9 781649 291172

قم بقياس الاشياء باستخدام شريط مشبك الورق الكبير (مرفق مع ورق الواجب المنزلي) ثم مرة أخرى باستخدام شريط مشبك الورق الصغير (المرفق مع الواجب المنزلي).

املأ الرسم البياني في الجزء الخلفي من الصفحة بقياساتك.

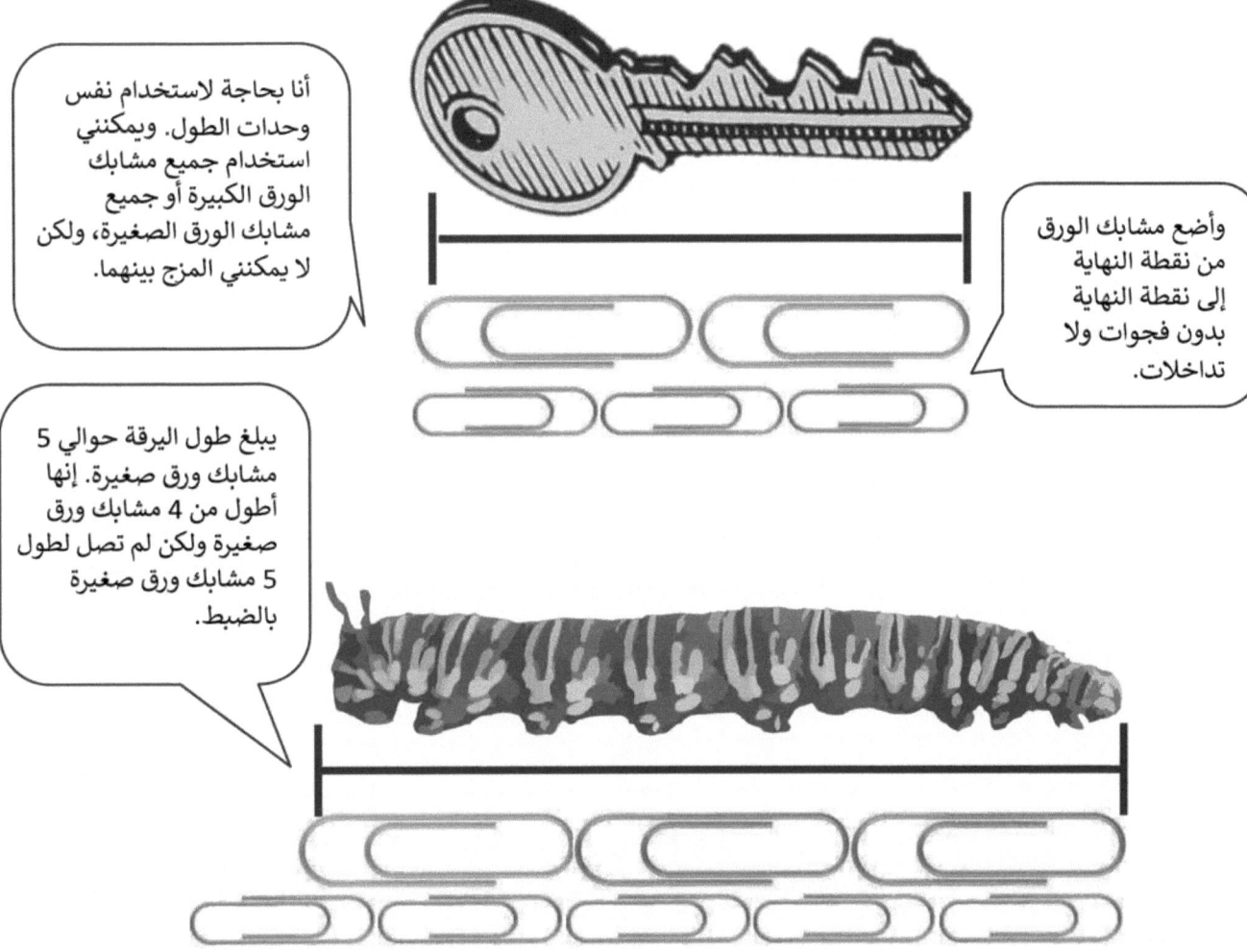

الدرس 7 مساعد الواجب المنزلي

اسم الكائن	الطول في مشابك الورق الكبيرة	الطول في مشابك الورق الصغيرة
أ. المفتاح	2	3
ب. اليرقة	3	5

> أعلم أن الطول بمشابك الورق الصغيرة سيكون أكبر عددًا. فكلما صغرت وحدة الطول، كان القياس أكبر!

المشابك الورقية الكبيرة

المشابك الورقية الصغيرة

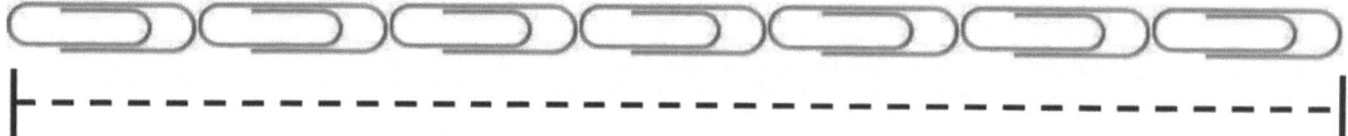

1•3 الدرس 7 الواجبات المنزلية

الاسم _____ التاريخ _____

اقطع شريط المشابك الورقية. قم بقياس طول كل كائن مع مشابك الورق **الكبيرة** إلى اليمين. ثم قم بقياس الطول باستخدام مشابك **الورق** الصغيرة على الظهر.

1. املأ الرسم البياني في الجزء الخلفي من الصفحة بقياساتك.

فرشاة الرسم

المقص

زجاجة الصمغ

قلم التلوين

الممحاة

الدرس 7 الواجبات المنزلية

اسم الكائن	الطول في مشابك الورق الكبيرة	الطول في مشابك الورق الصغيرة
أ. فرشاة الرسم		
ب. المقص		
ج. الممحاة		
د. قلم التلوين		
هـ. الغراء		

2. ابحث عن كائنات حول منزلك لقياسها. سجل الكائنات التي تجدها وقياساتها على الرسم البياني.

اسم الشيئ	الطول في مشابك الورق الكبيرة	الطول في مشابك الورق الصغيرة
أ.		
ب.		
ج.		
د.		
هـ.		

1. ضع دائرة حول وحدة الطول التي ستستخدمها للقياس. استخدم نفس وحدة الطول لجميع الكائنات.

مشابك الورق الصغيرة   مشابك الورق الكبيرة

عيدان الأسنان
مكعبات سنتيمترية

قم بقياس كل عنصر مدرج على الرسم البياني، وقم بتسجيل القياس. أضف أسماء كائنات أخرى في الفصل الدراسي وقم بتسجيل قياساتها.

اشياء تعليمية بالفصول الدراسية	القياس
أ. عصا الغراء	**مكعبات 8 سنتيميرات**
ب. قلم سبورة	**مكعبات 12 سنتيميرات**
ج. قلم رصاص غير مبري	**مكعبات 19 سنتيميرات**
د. قلم تلوين جديد	**مكعبات 9 سنتيميرات**

2. هل تذكرت إضافة اسم وحدة الطول بعد الرقم؟ نعم / لا

يجب أن أقول مكعبات سنتيمترية إذا لم يكن الأمر كذلك، فقد يعتقد شخص ما أنني أقيس بنوع آخر من المكعبات!

3•1 الدرس 8 مساعد الواجبات المنزلية
قصة الوحدات

3. اختر 3 عناصر من المخطط. سرد العناصر الخاصة بك من الأطول إلى الأقصر:

أ. ***قلم رصاص غير مبري***

ب. ***قلم سبورة***

ج. ***عصا الغراء***

لقد بدأت بأطول شيء قسته، وهو قلم الرصاص غير المشحوذ. ثم كتبت الأقصر، زجاجة الصمغ. ثم أضع قلم المسح الجاف في المنتصف لأنه أقصر من قلم الرصاص غير المشحوذ ولكنه أطول من زجاجة الصمغ.

قصة الوحدات | الدرس 8 الواجبات المنزلية | 1•3

الاسم _____ التاريخ _____

ضع دائرة حول وحدة الطول التي ستستخدمها للقياس. استخدم نفس وحدة الطول لجميع الكائنات.

مشابك الورق الصغيرة   مشابك الورق الكبيرة

عيدان الأسنان    مكعبات سنتيمترية

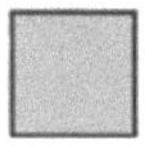

1. قم بقياس كل عنصر مدرج على الرسم البياني، وقم بتسجيل القياس. أضف أسماء كائنات أخرى في الفصل الدراسي وقم بتسجيل قياساتها.

القياس	اشياء تعليمية بالبيت
	أ. الشوكة
	ب. إطارة الصورة
	ج. وعاء
	د. حذاء

الدرس 8: افهم الحاجة لاستخدام نفس الوحدات عند مقارنة القياسات بالآخرين.

قصة الوحدات | الدرس 8 الواجبات المنزلية | 3●1

القياس	اشياء تعليمية بالبيت
	هـ. لعبة محشية على شكل حيوان
	و.
	ز.

هل تذكرت إضافة اسم وحدة الطول بعد الرقم؟ نعم   لا

2. اختر 3 عناصر من المخطط. قم بسرد العناصر الخاصة بك من الأطول إلى الأقصر:

أ. _____

ب. _____

ج. _____

الدرس 8:   افهم الحاجة لاستخدام نفس الوحدات عند مقارنة القياسات بالآخرين.

1. انظر الصورة أدناه. ما مدى طول الغيتار أ من الغيتار ب؟

الجيتار أ أطول بوحدة **واحدة عن** الجيتار ب.

يبلغ طول الجيتار أ 4 وحدات. يبلغ طول الجيتار ب 3 وحدات. 4 - 3 = 1، لذا الجيتار أ أطول بوحدة واحدة.

2. قم بقياس كل كائن بمكعبات السنتيمتر.

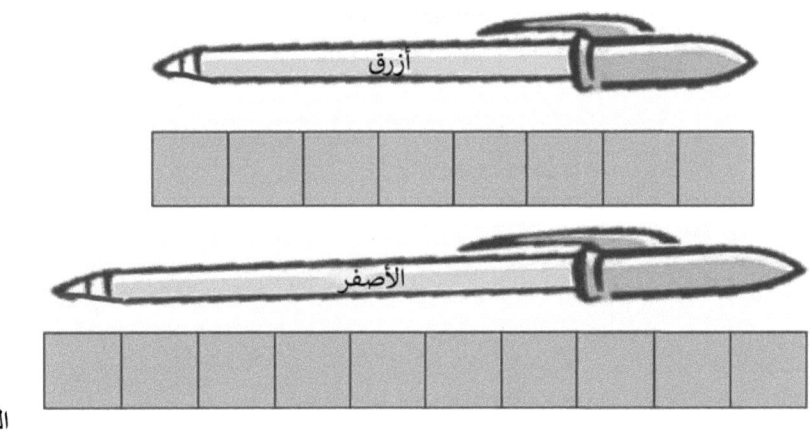

القلم الأزرق يرسم مكعبات طولها ***8 سنتيميرات***.

القلم الأصفر يرسم مكعبات طولها ***10 سنتيميرات***.

3. كم طول القلم **الأصفر** من القلم الأزرق؟

القلم الأصفر أطول __2__ سم من القلم الأزرق.

استخدم مكعّبات السنتيمتر لنمذجة المسألة. ثم حلها برسم صورة لنموذجك وكتابة جملة رقمية وبيان.

4. يريد أوستن صنع قطار يبلغ طوله 13 سم مكعبًا. إذا كان قطاره يبلغ طوله 9 سنتيمترات، فكم عدد المكعبات التي يحتاجها؟

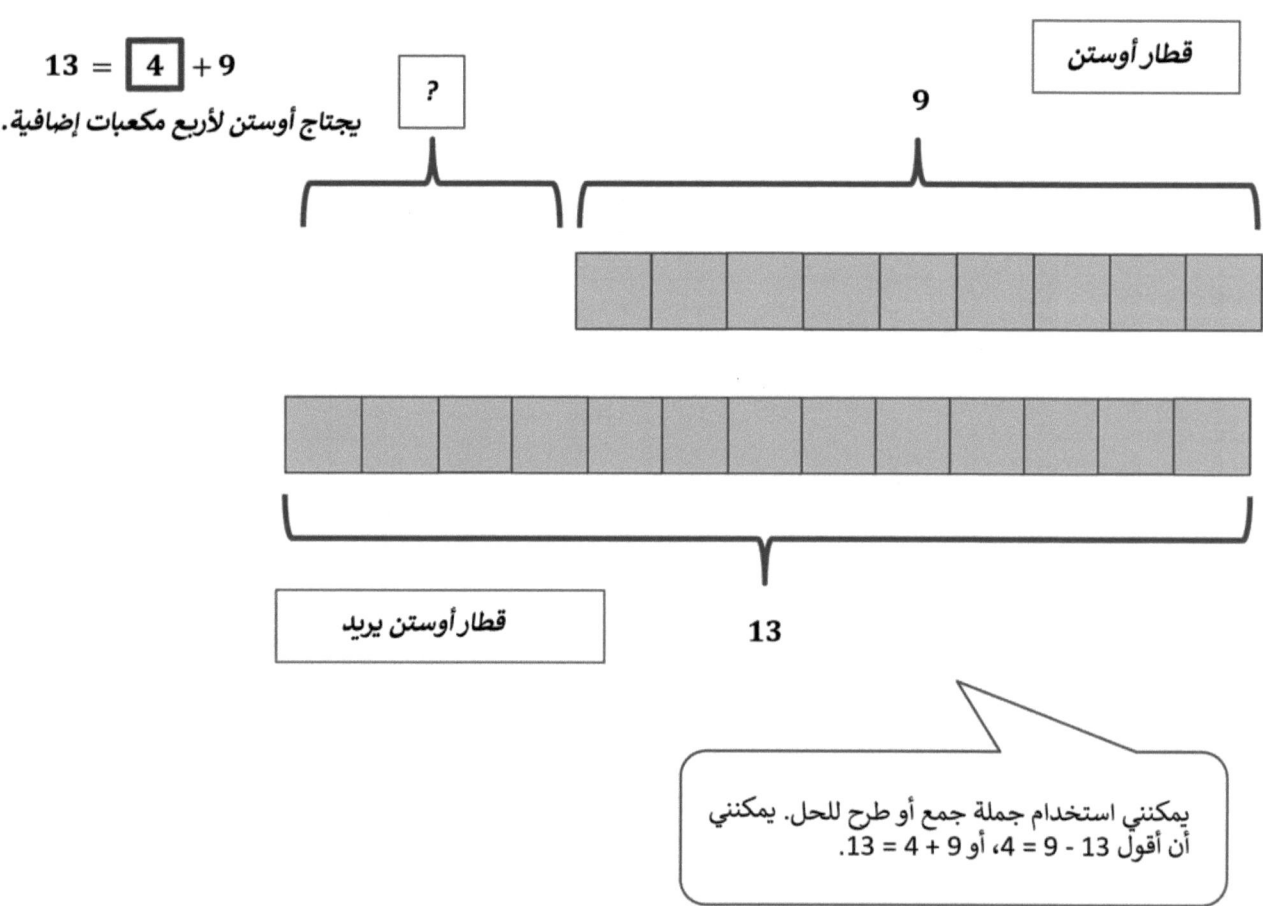

$13 = \boxed{4} + 9$

يحتاج أوستن لأربع مكعبات إضافية.

يمكنني استخدام جملة جمع أو طرح للحل. يمكنني أن أقول 13 - 9 = 4، أو 9 + 4 = 13.

الاسم _____ التاريخ _____

1. انظر الصورة أدناه. ما هو أقصر الكأس أ من الكأس ب؟

تروفي أ هي _____ وحدات **أقصر** من تروفي ب.

2. قم بقياس كل كائن بمكعبات السنتيمتر.

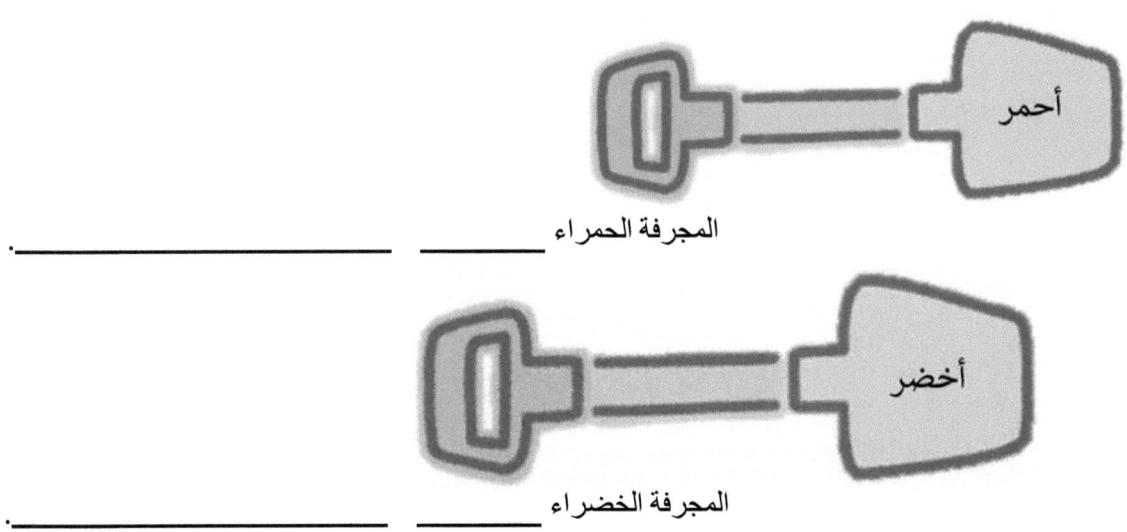

المجرفة الحمراء _____ _____.

المجرفة الخضراء _____ _____.

3. ما هو طول **المجرفة** الخضراء مقارنة بالمجرفة الحمراء؟

المجرفة الخضراء أطول بـ _____ سنتيمترات من **المجرفة** الحمراء.

استخدم مكعبات السنتيمتر الخاصة بك لوضع نموذج لكل مسألة. ثم حلها برسم صورة لنموذجك وكتابة جملة رقمية وبيان.

4. مصاصة عصير سوزان تصل حتى 15 سم، بينما تصل مصاصة تايلر حتى 11 سم.
بكم يزيد طول مصاصة سوزات عن مصاصة تايلر؟

5. يبلغ طول مصاصة عصير بوب 13 سنتيميرات. إذا بلغ طول مصاصة عصير توم 6 سنتيمترات، بكم **تنقص** مصاصة عصير توم عن مصاصة عصير بوب؟ مصاصة عصير توم عن نظيرتها لـ توم؟

6. يبلغ طول البطاقة الأرجوانية 8 سم. يبلغ طول البطاقة الحمراء 12 سم. بكم يزيد طول **البطاقة** الحمراء عن البطاقة الأرجوانية؟

7. ازداد طول بنات الفول الذي زرعه كارل 9 سم. بينما ازداد طول نبات الفاصوليا الذي زرعها دان 14 سم. بكم زاد **طول** نبات دان عن نبات كارل؟

سُئل الطلاب عن نوع الفاكهة المفضل لديهم. استخدم البيانات أدناه للإجابة على الأسئلة.

نكهة الآيس كريم	تالي ماركس	تصويتات
تفاحة	||	2
الفراولة	||||	4
الموز	~~||||~~ |||	8

1. املأ الفراغات في الجدول بكتابة عدد الطلاب الذين صوّتوا للفواكه.

2. كم عدد الطلاب الذين اختاروا التفاح باعتباره الفاكهة التي يفضلونها؟
2 طلاب

3. ما هو العدد الإجمالي للطلاب الذين يفضّلون التفاح أو الفراولة؟
6 طلاب

يمكنني أن أقول بالجمع 2 + 4 نظرًا لوجود طالبين يحبان التفاح و4 طلاب يحبون الفراولة.

4. أي فاكهة حصلت على أقل عدد من الأصوات؟ ***تفاح***

بالنظر إلى علامات الحصر، من السهل أن ترى أن أقل عدد من الأشخاص قد صوتوا لصالح التفاح.

5. ما العدد الإجمالي للطلاب الذين يفضلون الموز أو التفاح؟
10 طلاب

6. ما النكهة التي يحبها إجمالي 12 طالبًا؟
فراولة و ***موز***

يجب أن أفكر في أي رقمين يمكنهما تكوين العدد 12. يوجد 2 و4 و8. 4 + 8 = 12 مما يعني أن الفراولة والموز محببان لدى 12 طالبًا.

7. اكتب جملة جمع توضح عدد الطلاب الذين صوتوا لصالح الفاكهة المفضلة لديهم.
14 = 8 + 4 + 2

8. طُلب من مجموعة من الأشخاص قول لونهم المفضل. نظم البيانات باستخدام علامات العد والإجابة على الأسئلة.

برتقالي	𝍸 ||
الأصفر	||||
أرجواني	||

يمكنني عد كل صوت وإجراء حصر. إنها أصعب قليلاً مما كانت عليه في الصف؛ لأنني لا أستطيع رؤية أي منها قد عددته، لذلك أشطب عليها أثناء العد.

9. أي لون حصل على أقل عدد من الأصوات؟ ___الأرجواني___

10. كم عدد الأشخاص الذين يحبون اللون الأصفر أكثر من اللون الأرجواني؟
2 طلبة

يمكنني رؤية أن الأصفر لديه حصرين أكثر من الأرجواني.

11. ما العدد الإجمالي للأشخاص الذين يحبون البرتقالي والأرجواني أكثر؟
9 طلاب

7 طلاب يحبون اللون البرتقالي و4 طلاب يحبون الأصفر. 7 + 4 = 11.

12. ما اللونان اللذان صوّت لهما 11 شخصًا؟
___البرتقالي___ و ___الأصفر___

13. اكتب جملة جمع توضح عدد الأشخاص الذين صوّتوا لصالح لونهم المفضل.
___13 = 2 + 4 + 7___

الاسم _____ التاريخ _____

سئل الطلاب عن نكهة الآيس كريم المفضلة لديهم. استخدم البيانات أدناه للإجابة على الأسئلة.

نكهة الآيس كريم	تالي ماركس	تصويتات
شيكولاته	||||	
الفراولة	|||	
كعكة العجين	||||| ||||	

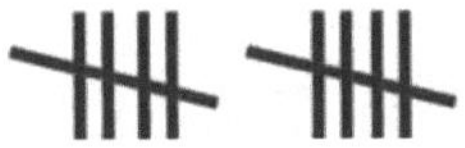

1. املأ الفراغات في الجدول بكتابة عدد الطلاب الذين صوّتوا لكل نكهة.

2. كم عدد الطلاب الذين اختاروا عجينة البسكويت باعتبارها النكهة التي **يفضلونها**؟
_____ طلاب

3. ما العدد الإجمالي للطلاب الذين يفضّلون الشيكولاته أو **الفراولة**؟
_____ طلاب

4. ما هي النكهة التي **حصلت** على أقل قدر من الأصوات؟ _____

5. ما العدد الإجمالي للطلاب الذين يفضلون عجينة البسكويت أو **الشوكولاتة**؟
_____ طلاب

6. أي نوعين من النكهات **أعجبهما** 7 طلاب؟
_____ و _____

7. اكتب جملة جمع توضح عدد الطلاب الذين صوتوا لصالح نكهة الآيس كريم المفضلة لديهم.
_____

صوت الطلاب على أكثر ما يرغبون في قراءته. قم بتنظيم البيانات باستخدام علامات العد، ثم أجب عن الأسئلة.

كتاب هزلي	مجلة	كتاب الفصل	كتاب هزلي	مجلة
كتاب الفصل	كتاب هزلي	كتاب هزلي	كتاب الفصل	كتاب الفصل
كتاب الفصل	كتاب الفصل	مجلة	مجلة	مجلة

ما أكثر ما يحبه الطلاب في القراءة	عدد الطلاب
كتاب كوميدي	
مجلة	
فصول الكتاب	

8. كم عدد الطلاب الذين يفضلون قراءة كتب الفصل؟
_____ طلاب

9. ما الصنف الذي **حصل** على أقل عدد من الأصوات؟ ____________________

10. كم عدد الطلاب الذين يحبون قراءة كتب الفصل أكثر من المجلات؟
_____ طلاب

11. ما هو العدد الإجمالي للطلاب الذين يحبون قراءة المجلات أو كتب الفصل؟
_____ طلاب

12. ما الصنفان اللذان يحبهما الـ 9 طلاب قراءته؟

____________________ و ____________________

13. اكتب جملة جمع توضح عدد الطلاب الذين صوتوا.

____

اجمع معلومات حول الكتلة التي تعيش عليها. استخدم علامات العد أو الأرقام لتنظيم البيانات في الرسم البياني أدناه.

كم عدد **المباني / المنازل ذات مرآب** هل موجودة هذه المباني في شارعك؟	كم عدد **المروج المعشبة** هل موجودة هذه المباني في شارعك؟	كم عدد **مباني / منازل من طابق واحد** هل موجودة هذه المباني في شارعك؟	كم عدد **مبنيان / منازل من طابقين** هل موجودة هذه المباني في شارعك؟	كم عدد **مباني / منازل من الطوب** هل موجودة هذه المباني في شارعك؟
𝍷𝍷𝍷𝍷𝍷 𝍷	𝍷𝍷𝍷𝍷𝍷 𝍷𝍷𝍷𝍷	𝍷𝍷𝍷𝍷𝍷	𝍷𝍷𝍷𝍷	𝍷𝍷

- أكمل إطارات جمل الأسئلة لطرحها حول بياناتك.
- أجب عن أسئلتك الخاصة.

> من السهل أن ترى أن معظم المنازل بها مروج عشبية لأن هناك الكثير من الأفرع الصغيرة!

1. كم عدد ___**المروج العشبية**___ هناك؟ (اختر الفئة التي تحتوي على أكبر عدد.) __9__

2. كم عدد ___**المباني من**___ الطوب هناك؟ (اختر العنصر الذي لديك أقل من.) __2__

3. معًا، كم عدد منازل الطوب والمنازل ذات المرائب هناك؟ __8__

4. اكتب وأجب عن سؤالين آخرين باستخدام البيانات التي جمعتها.

   أ. __هل هناك أكثر من طابق واحد أو طابقين؟ هناك أكثر من قصة منزل واحدة.__

   ب. __معًا، ما هو عدد الطوابق المكونة من طابقين وطابقين؟ 9__

صوّت العمال على وجباتهم الخفيفة المفضلة لمطبخ المكتب. يمكن لكل عامل التصويت مرة واحدة فقط. أجب عن الأسئلة بناء على البيانات الموجودة في الجدول.

المقرمشات	
الفشار	
الفواكه	

5. كم عدد العمال الذين اختاروا الفشار؟ **6** عمال

6. كم عدد العمال الذين اختاروا الفاكهة أو البسكويت؟
8 عمال

اختار 3 عمال البسكويت، واختار 5 عمال الفاكهة. 3 + 5 = 8، لذلك 8 عمال اختاروا الفاكهة أو البسكويت.

7. من هذه البيانات، هل يمكنك معرفة عدد العاملين في هذا المكتب؟ اشرح طريقة تفكيرك.

أعتقد أنه يجب أن يكون هناك 14 عاملاً في المكتب لأنني أحسب كل شخص صوت. *يمكن أن يكون هناك المزيد لأنه ماذا لو كان شخص غائب في ذلك اليوم أو لم يصوت؟*

أعلم أن 3 + 6 = 9، لذلك هناك 5 أخرين. 9 + 1 = 10، ولذلك فقد أضفت 4 أخرين، وحصلت على 14.

الاسم ________________________ التاريخ ______________

اجمع معلومات حول الأشياء التي تمتلكها. استخدم علامات العد أو الأرقام لتنظيم البيانات في الرسم البياني أدناه.

كم عدد **الحيوانات** الأليفة لديك؟	كم **عدد فرشات** الأسنان في بيتك؟	كم عدد **الوسائد** في منزلك؟	كم عدد **برطمانات صلصة** الطماطم في منزلك؟	كم **عدد إطارات** الصور في منزلك؟

- أكمل إطارات جمل الأسئلة لطرحها حول بياناتك.
- أجب عن أسئلتك الخاصة.

1. كم ______ لديك؟ (اختر العنصر الذي لديك **الاكثر** منه.)

2. كم ______ لديك؟ (اختر العنصر الذي لديك **الاقل** منه.)

3. **معًا**، كم عدد إطارات الصور والوسائد التي لديك؟

4. اكتب وأجب عن سؤالين آخرين باستخدام البيانات التي جمعتها.

أ. ____؟

ب. ____؟

صوّت الطلاب على نوع المتحف المفضل لديهم لزيارته. يمكن لكل طالب التصويت مرة واحدة فقط. أجب عن الأسئلة بناء على البيانات الموجودة في الجدول.

متحف العلوم	
متحف الفنون	
متحف التاريخ	

5. كم عدد الطلاب الذين اختاروا المتاحف الفنية؟ ________ طلاب

6. كم عدد الطلاب الذين اختاروا المتاحف الفنية أو العلمية؟ ________ طلاب

7. من هذه البيانات، هل يمكنك معرفة عدد الطلاب في هذا الصف؟
اشرح طريقة تفكيرك.

يوجد 12 طالب في الفصل. 10 طلاب يركبون دراجاتهم إلى المدرسة، و7 يركبون الحافلة، و3 يأتون في سيارة. استخدم المربعات الخالية من الفجوات أو التداخلات لتنظيم البيانات. صفّ المربعات الخاصة بك بعناية.

كيف يأتي الطلاب إلى المدرسة   عدد الطلاب   ☐ يمثل طالبًا واحدًا

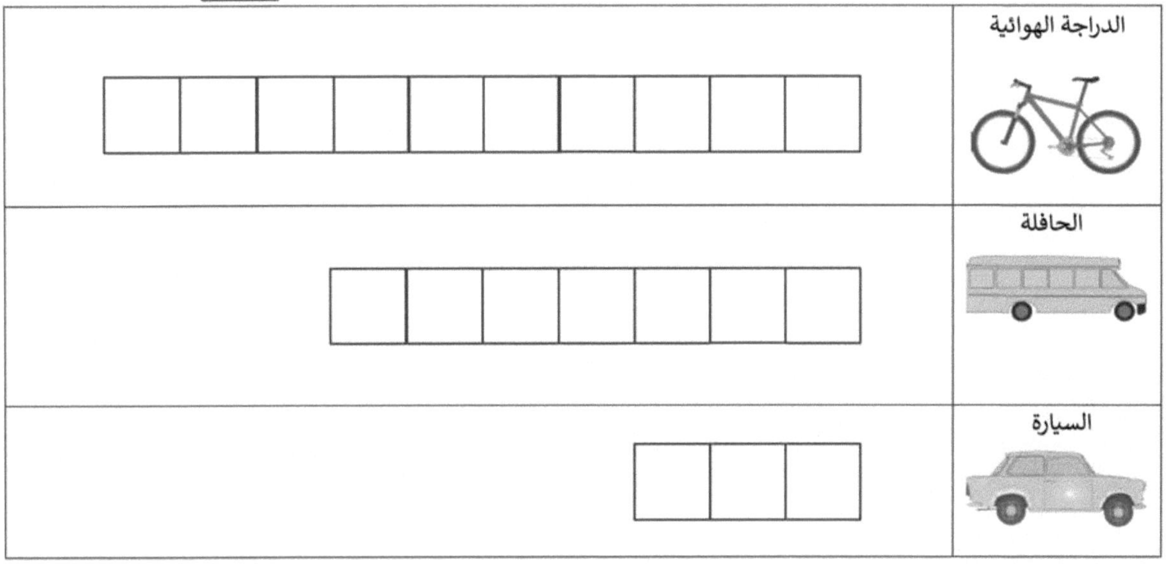

- الدراجة الهوائية
- الحافلة
- السيارة

أرتب مربعاتي بعناية بدون فجوات ولا تداخلات بينها. بدأت من نقطة النهاية نفسها.

يمكنني إلقاء نظرة على عدد الطلاب الذين يركبون الدراجات الهوائية وعدد الطلاب الذين يركبون الحافلات. يمكنني حساب مقدار الزيادة في عدد الطلاب الذين يركبون الدراجات الهوائية. 1، 2، 3 طلاب!

1. كم يزيد عدد الطلاب الذين يأتون المدرسة بالدراجات الهوائية عمن يأتون بالحافلة؟ __3__ طلاب

لقد جمعت عدد راكبي الدراجات الهوائية والحافلات والسيارات!

2. اكتب جملة رقمية تدل على عدد الطلاب الذين سُئلوا عن كيفية ذهابهم إلى المدرسة.
   $20 = 3 + 7 + 10$

3. اكتب جملة رقمية لتوضيح عدد الطلاب الذين ركبوا في السيارة أقل من الحافلة.
   $4 = 3 - 7$

الاسم ____________________ التاريخ __________

يوجد 18 طالب في الفصل. ويوم الجمعة، ارتدى 9 طلاب أحذية رياضية، وارتدى 6 طلاب صنادل، وارتدى 3 طلاب أحذية طويلة. استخدم المربعات الخالية من الفجوات أو التداخلات لتنظيم البيانات. **صف المربعات الخاصة بك بعناية.**

☐ = طالب واحد

أحذية ترتدى يوم الجمعة	عدد الطلاب

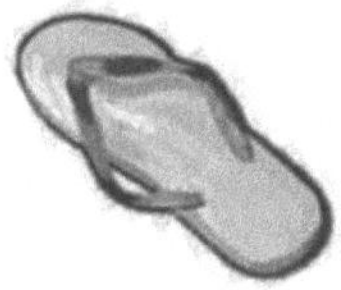

1. كم عدد الطلاب الذين يرتدون أحذية رياضية أكثر من الصنادل؟ ________ طلاب

2. اكتب جملة رقمية لتخبر عن عدد الطلاب الذين سُئلوا عن أحذيتهم يوم الجمعة.

____

3. اكتب جملة رقمية لتوضيح عدد الطلاب الذين كانوا يرتدون أحذية طويلة أقل من الأحذية الرياضية.

____

الدرس 12 الواجب المنزلي

تزدهر حديقة مدرستنا منذ شهرين. يوضح الرسم البياني أدناه أعداد كل خضروات تم حصادها حتى الآن.

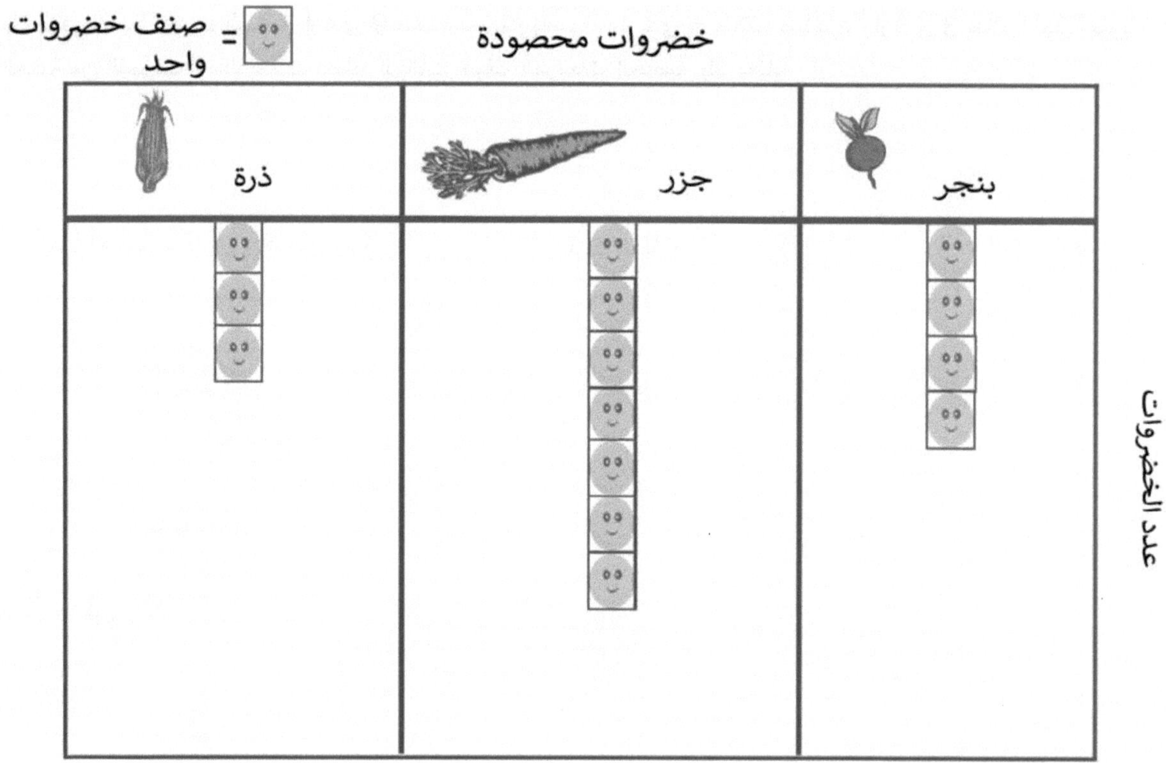

خضروات محصودة

☺ = صنف خضروات واحد

بنجر	جزر	ذرة
☺☺☺☺	☺☺☺☺☺☺☺	☺☺☺

عدد الخضروات

4. كم العدد الإجمالي للخضروات التي تم حصادها؟

_____ خضروات

5. أي الخضروات تم حصادها أكثر؟

_____

6. بكم يزيد عدد البنجر الذي تم حصاده عن الذرة؟

_____ البنجر أكثر من الذرة

7. كم عدد البنجر المطلوب حصاده للحصول على نفس الكمية مثل عدد الجزر الذي تم حصده؟

_____

استخدم الرسم البياني للإجابة على الأسئلة. املأ الفراغ واكتب جملة رقمية.

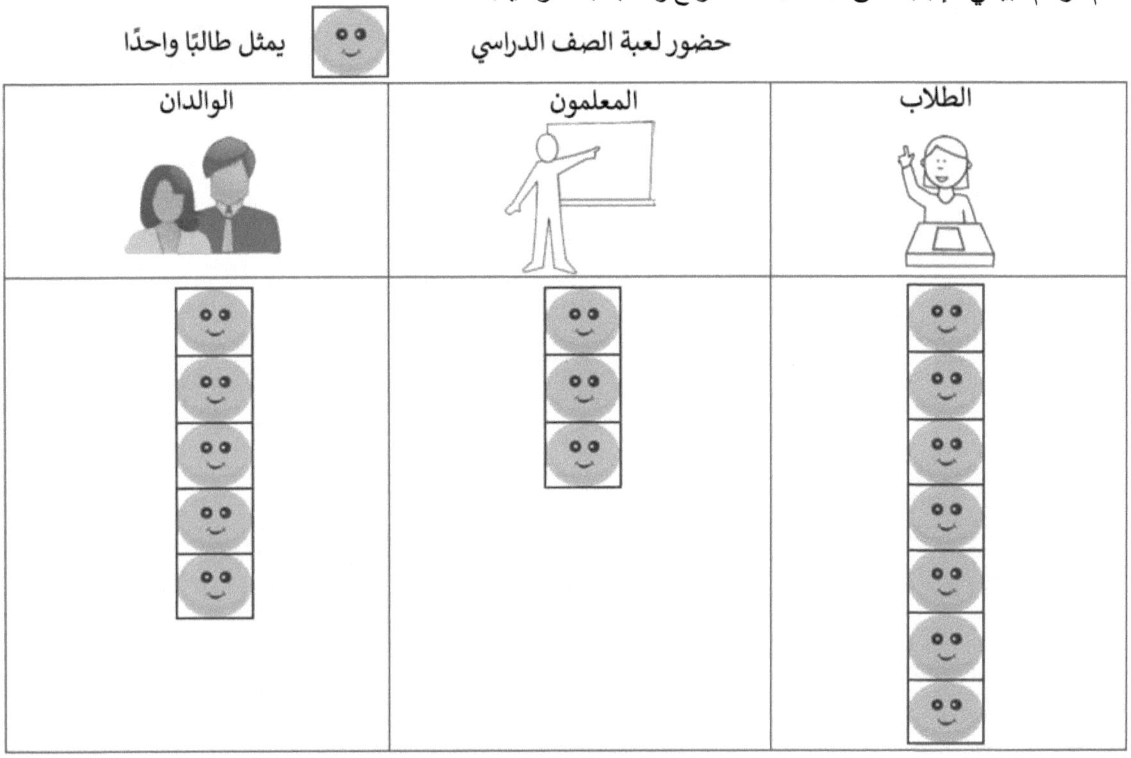

حضور لعبة الصف الدراسي
يمثل طالبًا واحدًا
الطلاب
المعلمون
الوالدان

1. كم عدد الطلاب في المسرحية أكثر من المعلمين؟ **$4 = 3 - 7$**

هناك **4** طلاب أكثر من المعلمين.

أستطيع أن أرى أيها أكثر وأيها أقل بالنظر إلى المربعات. يمكنني الطرح لإيجاد عدد أكثر أو أقل.

2. كم عدد الآباء في المسرحية أقل من الطلاب؟ **$2 = 7-5$**

يوجد عدد **2** أقل من الوالدين.

3. إذا حضر معلمان آخران المسرحية، فكم عدد الأشخاص الموجودين هناك؟ **$17 = 7 + 5 + 5$**

سيكون هناك **17** شخصًا.

يمكنني جمع معلمين آخرين إلى الثلاثة معلمين. وهذا يساوي 5 معلمين. أعلم أن 5 معلمين و5 أباء يساوون 10 أشخاص. ثم يمكنني إضافة 7 طلاب. $17 = 7 + 10$

الاسم ________________________ التاريخ ______________

استخدم الرسم البياني للإجابة على الأسئلة. املأ الفراغ واكتب جملة رقمية.

طلب الغداء المدرسي

= طالب واحد

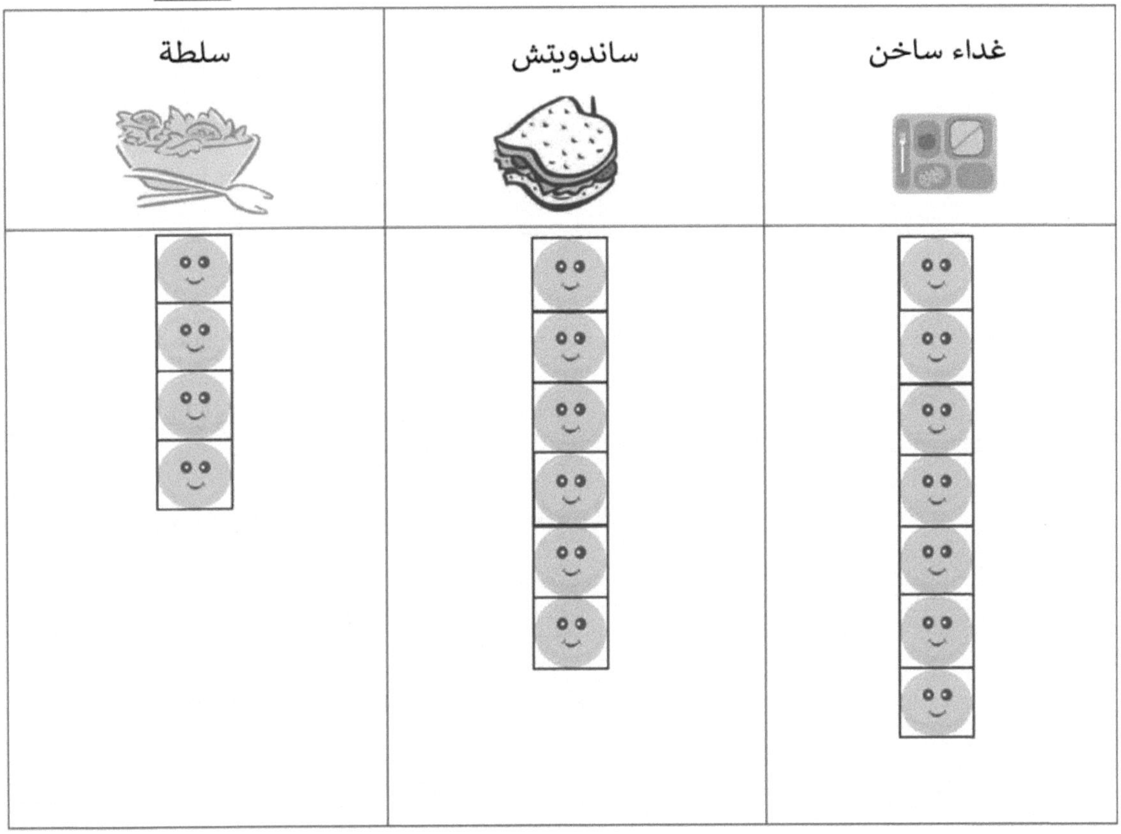

غداء ساخن
ساندويتش
سلطة

1. كم عدد طلبات الغداء الساخنة أكثر من طلبات الساندويتش؟

كان هناك ________ أكثر من طلبات الغداء الساخنة.

____

2. كم عدد طلبات السلطة أقل من طلبات الغداء الساخنة؟

كان هناك عدد ________ أقل من طلبات السلطة.

____

3. إذا طلب 5 طلاب آخرين غداءً ساخنًا، فكم عدد طلبات الغداء الساخنة التي ستكون هناك؟

سيكون هناك ________ طلبات غداء ساخنة.

____

EUREKA MATH

استخدم الجدول للإجابة على الأسئلة. املأ الفراغات واكتب جملة رقمية.

النوع المفضل للكتب

卌 = 5 طلاب

القصص الخيالية	卌 卌 |	
الكتب العلمية	卌 |||	
كتب الشعر	卌 卌 卌	

4. كم عدد الطلاب الذين يحبون القصص الخيالية أكثر من كتب العلوم؟

_______ أكثر من طال يحب القصص الخيالية. ______________________________

5. كم عدد الطلاب الذين يحبون الكتب العلمية أقل من الكتب الشعرية؟

_______ طلاب أقل يحبون كتب العلوم. ______________________________

6. كم عدد الطلاب الذين اختاروا القصص الخيالية أو الكتب العلمية في كل شيء؟

_______ اختار الطلاب حكايات خيالية أو كتب علمية. ______________________________

7. كم عدد الطلاب الذين سيحتاجون إلى اختيار كتب العلوم للحصول على نفس عدد الكتب مثل القصص الخيالية؟

_______ طلاب أكثر سيحتاجون إلى اختيار كتب العلوم. ______________________________

8. إذا ظهر 5 طلاب آخرين في وقت متأخر وجميعهم اختاروا القصص الخيالية، فهل سيكون هذا الكتاب هو الأكثر شعبية؟ استخدم جملة رقمية لإظهار إجابتك.

____

وحدات دراسية

بذلت شركة Great Minds® قصارى جهدها للحصول على إذن لإعادة طباعة جميع المواد المحمية بحقوق الطبع والنشر. إذا لم يتم التعرف على أي مالك للمواد المحمية بحقوق الطبع والنشر هنا ، يرجى الاتصال بـ Great Minds للحصول على الإقرار المناسب في جميع الإصدارات المستقبلية وإعادة طبع هذه الوحدة.